化石侦探2
寻找恐龙蛋

〔日〕高士与市◎著
〔日〕吉川丰◎绘
〔日〕木村由莉◎审订
王　焱◎译

北京科学技术出版社
100层童书馆

序　言

小朋友，你好！我猜你肯定很喜欢恐龙。我当然也一样。话说，你知道化石猎人吗？

化石往往沉睡在古老的地层中，而化石猎人就是寻找并发掘化石的人。在广袤的地球上，寻找和发掘出埋藏在地下的化石绝不是一件简单的事。宽广的知识面、丰富的知识储备、敏锐的洞察力、永不放弃的决心、不怕失败的勇气……只有拥有这些品质，才有可能成为一名优秀的化石猎人。这套书以漫画的形式讲述了化石猎人的传奇冒险故事。

其实，我在小学的时候就是这套书的忠实读者了。我会在脑海中想象那片陌生的戈壁沙漠和在那里发掘出的各种化石，心中充满了好奇。长大成人以后，我才惊喜地发现，这套书竟然非常详细地还原了当时的历史。通过漫画，我们能看到论文中不会提及的发掘现场的细节，身临其境般的紧张感和兴奋感跃然纸上……我想这也是这套书的魅力之一。

当我还是一名小读者时，书里还有许多未解之谜。如今，经过许多专业人士的努力，很多谜团已经被解开。这次再版，书中也加上了这些新知识。能够为自己喜欢的书再版尽一份力，我感到非常开心。

相信我，这套书非常有趣。接下来，跟随化石猎人开始一场冒险之旅吧！

日本国立科学博物馆

木村由莉

一起成为化石侦探吧！

恐龙迷裕树和姐姐由美在国立科学博物馆偶然间遇到了古生物学家古井博士。

古井博士对他们说："恐龙化石就像一本知识大百科全书。我们现在所了解到的恐龙的样子、体型、食性等知识，都是通过研究恐龙化石得来的。"听完，两人对化石的兴趣更加浓厚了。

就这样，姐弟俩和古井博士一起变身为化石侦探！他们以

▲▶博士精彩的解说令两人对古生物学深深着迷。

化石侦探！

▲三人变身为化石侦探的场景：他们身着英国绅士风的衣服，很有名侦探的风采呢！

化石上的蛛丝马迹为线索，一一揭开了远古生物的神秘面纱。

在本册中，裕树、由美和古井博士等人将继续通过推理，解开有关恐龙蛋化石的谜团。请你跟随他们，开动脑筋，解开谜团吧！

◀挑战未解之谜！（见《化石侦探.1：神秘的恐龙墓地》的第95页）

出场人物介绍

古井博士

知识渊博、经验丰富的古生物学家。会通过提问的方式引导大家思考。

若松裕树

非常喜欢恐龙的少年，有一点儿任性。

若松由美

裕树的姐姐，擅长夸奖人，性格沉稳。

丸山浩二

古井博士的助手，古生物学界的新人，很努力，但不太稳重。

木村博士

从小就是恐龙迷，现在是年轻有为的古生物学家。

木村博士会在下面这些地方出现，为我们补充最新的知识。

小贴士

与本页相关的小知识会出现在页面的最下方。

新鲜出炉！ 化石猎人 最新消息

这一栏会介绍有关化石和恐龙的最新知识。

目 录

1. 戈壁沙漠大探险

晴
〇月×日

〇月×日
晴
今天是星期日。

没有什么可写的东西……

要怎么写日记啊?

真没办法……

哎……………

2

还是出去玩吧！

说起来，姐姐今天好安静啊。

嗯，原来如此……

这样啊……

3

恐龙原来是从蛋里孵化出来的。

但科学家是怎么知道的呢？

·恐龙的蛋

啊……我又想去找博士听恐龙的故事了。

一、二

嗷呜!!

啊——

嘿嘿嘿，吓了一跳吧？

裕树，你想挨打吗？

咦？这本书不是我的吗？

惊

科学博物馆的古井博士之前给裕树和由美讲过恐龙的故事。想要了解详情，可以翻阅本书文前部分。

小贴士

4

我说怎么哪里都找不到，原来是被你拿走了！

我、我只是借来看看！

还给我。

不……

求求你了，裕树大人，再借给我看一段时间吧。

真拿你没办法啊。

小的不胜感激！

裕树，你要去哪儿？

再会了，姐姐。

我去寻找日记的素材。

5

你说得好听，实际上是想出去玩吧？

你别瞎说，才不是呢！

那要不要跟我一起去科学博物馆？

啊？又要去啊……

去了博物馆，不就有素材了？

也不一定吧……

你果然只是想出去玩。

……

才、才不是……

上野

日本国立科学博物馆

唉，还是被拽过来了。

不知道古井博士这会儿在不在。

肯定在，感觉他一直挺闲的。

你说谁挺闲的？

哎哟！

哈哈哈！

吓我一跳……

博士！您在呀，太好了！

啊？

博士，再给我们俩讲讲恐龙吧！

真抱歉，我今天要做研究，没时间。

啊……这样

啊？

对，对，您很忙，别再掩饰了。

才不是掩饰！！

看来今天听不到恐龙的故事了。

真是抱歉……

也不能当化石侦探了。

作为补偿，我给你们介绍一位研究员吧。

 事实上，国立科学博物馆没有咨询处，但游客可以将问题写在纸上并提交至综合服务台，有时候还能得到专家的解答。

9

丸山博士，给我们讲讲恐龙吧！

博士……

怎么样？

只要是我知道的，我一定都告诉你们。

还有什么是你知道的吗？

哼！

裕树！我好不容易把他夸开心了，你别捣乱！

哦，好吧。

教教我们吧，丸山博士！

好！没问题！

扑哧

不过你们想知道些什么呢?

我看恐龙百科书上说恐龙是从蛋里孵化出来的,这是真的吗?

是真的。恐龙与鳄鱼、乌龟一样都是爬行动物。

它们会下蛋,宝宝从蛋里孵化出来。

丸山博士在古生物学界也是"宝宝"呢!

你说什么!

少说两句吧!

疼疼疼!

拧

小贴士

恐龙是一种爬行动物。但与其他爬行动物不同的是,恐龙平时的姿态不是"趴伏"的,而是直立着。这是因为恐龙的腿长在躯干下方,更容易支撑起身体。学界认为,正是因为有了这样的身体构造,恐龙才能快速奔跑,并演化出巨大的体型。

13

我知道恐龙是爬行动物……

……

但应该没有人亲眼看到过恐龙下蛋吧。

哈哈哈，肯定没人看到过呀！

哼！

那你凭什么肯定恐龙会下蛋呢?！研究古生物学又不是写科幻小说，光靠想象可不行!!

……

如果没有证据，你根本不能确定恐龙是不是会下蛋！

就是！

没想到这两个孩子还挺懂的。

骨头、牙齿倒是可以变成化石留到现在……

蛋应该不行吧？

呵呵呵。

有什么好笑的！

恐龙蛋也是可以变成化石的。

骨架下面的那些就是恐龙蛋的化石吗？

是的。那是葬火龙的骨骼和蛋的复制品。

上火龙？恐龙也上火啊？

晕

是葬火龙！

我、我知道啦。

小贴士

博物馆展出的恐龙化石一般是根据真正的恐龙化石制作的树脂模型，制作过程通常包括建模、翻模等。恐龙化石复制品也被称为仿真恐龙骨架。

葬火龙（白垩纪晚期）

它们是一种与鸟类很像的恐龙，在巢里孵蛋和哺育幼崽，前肢及尾巴上长有羽毛。

全长：约2.7米

分类：窃蛋龙科

这些化石是在哪里发现的？

在一个叫戈壁沙漠的地方。

隔壁沙漠是哪里的隔壁呀？

是戈壁！

我有疑问！

你说。

白垩纪距今约1.5亿年至7000万年，是一个恐龙繁盛的时代。在这之前的地质年代被称为侏罗纪，距今约2亿年至1.5亿年；再往前则是三叠纪，距今约2.5亿年至2亿年。

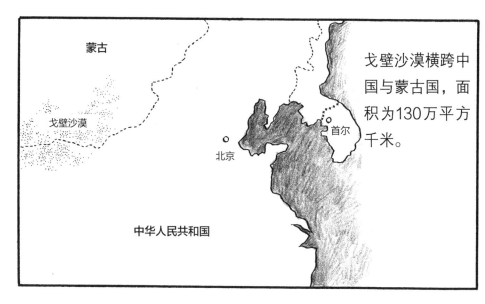

蒙古

戈壁沙漠

北京

首尔

中华人民共和国

戈壁沙漠横跨中国与蒙古国，面积为130万平方千米。

咦？所以亚洲也有过恐龙吗？

当然啦！

之前古井博士给我们讲过在美国西部的沙漠发掘恐龙化石的故事。

人们确实在美国西部的沙漠发现了许多恐龙化石。

但这并不意味着美国的恐龙就更多。

只是因为在沙漠这种裸露的地貌恐龙化石更容易显露而已。

所以，只要是沙漠，就算不在美国也可能有恐龙化石，对吧？

啊？嗯。

学得好快啊。

为什么你学得这么慢？

对不起。

你怎么了？

啊，没什么啦。

那科学家怎么能确定戈壁沙漠出土的蛋化石就是恐龙蛋呢?

也有可能是鸵鸟蛋嘛。

对呀对呀。

嗯……

看来得详细讲讲安德鲁斯和他的沙漠考察队了。

沙漠考察队?!

那是什么?

告诉我们吧!

这说起来就太多了。

你要是不说,我们就去找古井博士了!

什么?!

罗伊·查普曼·安德鲁斯是美国自然历史博物馆的古生物学者，曾发掘了许多重要化石，也是戈壁沙漠考察队的队长。他从小热爱野外探险，是天生的探险家。

安德鲁斯之所以想去考察，是受到了奥斯本教授的影响。

奥数本？

是奥斯本！

奥斯本教授是美国自然历史博物馆馆长，是当时古生物学界第一人。他曾预言，在亚洲中部发掘出大型动物化石的可能性极大。

位于纽约的美国自然历史博物馆是汇聚了全球知名研究者的顶级博物馆，有关安德鲁斯与奥斯本的详细介绍见本书的第82～83页，一定要去读读看哟。

小贴士

安德鲁斯是奥斯本的学生，所以很相信老师的预言。

这样啊。

那安德鲁斯与奥斯本的关系，就跟你和古井博士一样呢。

?!

安德鲁斯吗？我和他一样？

……

好啦，快给我们讲讲戈壁沙漠考察故事吧。

好吧！那就告诉你们我是如何获得那些伟大发现的吧！

啊？

还真扮演起安德鲁斯了。

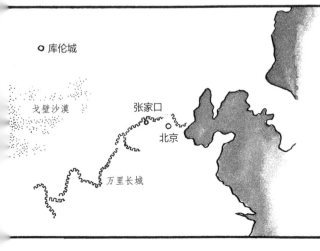

库伦城

戈壁沙漠

张家口

北京

万里长城

1919年夏，安德鲁斯与6名伙伴驾驶3辆汽车，从中国的张家口出发，前往库伦城（今蒙古国乌兰巴托），试图穿越戈壁沙漠。

一行人成功穿越了戈壁沙漠，这让安德鲁斯对此后的戈壁沙漠考察之旅有了信心。

嘿嘿嘿……

他好像完全入戏了。

是啊。

之后，安德鲁斯再次率领戈壁沙漠学术考察队出发了。这次，队里人员众多，不仅有地质学家、古生物学家、考古学家，还有机械工、厨师、助手等，共计 39 人。他们一行驾驶了 7 辆汽车，还带着 125 头骆驼。

骆驼？

有必要带这么多骆驼吗？

汽车不是比骆驼更快、更方便吗？

但是没有汽油，汽车就动不了吧！

那是当然的啦。

那你再想想看，沙漠里可没有加油站呀！

啊？确实！

所以在安德鲁斯之前，人们在沙漠中探险时更爱骑骆驼，没人坐汽车。

不过安德鲁斯认为，想在戈壁沙漠进行大规模的发掘考察，汽车与骆驼缺一不可。

① 骆驼队率先出发，向指定地点运送汽油与食物。

② 科学家随后乘汽车前往指定地点进行考察，并带去一些必要的补给品。

③ 在科学家考察期间，骆驼队向下一个地点运送必要的物资。

骆驼虽然行动较慢，但仅靠一丁点儿食物便可以穿越沙漠。

原来如此！

26

当时骆驼队的领队是蒙古牧民梅林，他熟练地引导骆驼队在充满危险的沙漠中行进，被安德鲁斯尊称为沙漠之王。

在离开万里长城3天后，一行人来到了第一个补给地——二连盆地附近。

咯噔 咯噔

马上就到二连盆地了。

好想早点儿休息啊。

咯噔 咯噔 咯噔

队长，怎么突然停车？

刹车

嗯？这附近好像……

我想好了！

巴基！葛兰阶！莫里斯！

怎么了，安德鲁斯？

发现什么了吗？

我预感我们在这附近或许会有什么发现，我先去二连盆地扎营，你们留下调查，结束后再去与我会合，如何？

谢啦！拜托你们喽！

没问题，这里就交给我们吧。

小贴士 抽烟斗的是考察队的副队长、古生物学家葛兰阶，他耐心细致，擅长发掘化石。据说，粗心大意的安德鲁斯曾用锤子把化石砸坏而遭到葛兰阶的训斥。

29

二连盆地的补给地

他们怎么还没来？

嗯……

轰隆隆……

快看！

啊！他们来了！

刹车

怎么回事？你们来得好晚。

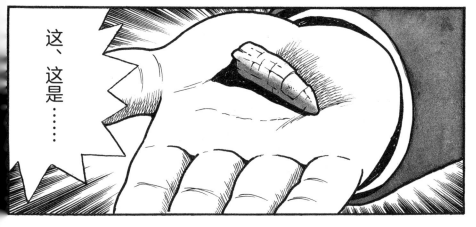

奥斯本教授的预言是真的！亚洲中部也有化石！

没错，这是恐龙牙齿的化石。

我们的发现可不止这些。

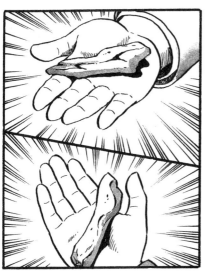

继续深入考察，应该会有更多发现。

竟然还有恐龙骨骼的化石！

真不敢相信。

熊熊燃烧

好！我现在斗志昂扬！！

后来，大家在营地附近也发现了恐龙化石。

考察队在这里进行了一个月左右的发掘。出土的骨骼化石中大部分是巴克龙的化石。

巴克龙（白垩纪晚期）

巴克龙的足底皮肤很厚，它们可以两足直立，四足行走。

巴克龙是鸭嘴龙科的一员，鸭嘴龙大多拥有像鸭子一样宽而扁的嘴。

全长：约6米

分类：鸭嘴龙科

小贴士

1933年，学界才正式确认巴克龙的存在。安德鲁斯带领的考察队在此之前就发掘出了巴克龙化石，但当时他们只能判断出这是一种鸭嘴龙科恐龙的化石。

队长，只看化石是怎么知道恐龙的皮肤厚不厚的呢？

好问题。这就要提到1908年人们在美国的怀俄明州发现的埃德蒙顿龙化石了。

加拿大

怀俄明州

它们是一种鸭嘴龙。

令人惊讶的是，人们发现不仅恐龙的骨骼变成了化石，

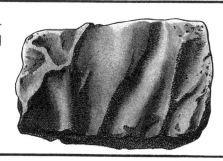

就连恐龙的皮肤也变成了化石，很好地保存了下来。

科学家经过研究，认为那块皮肤是蹼。

蹼？鸭子划水用的那个蹼吗？

所以，曾经有学者认为这类恐龙主要生活在水中。

不过，随着研究的深入，现在更多学者认为那不是蹼，而是厚肉垫。

所以最近学界认为，鸭嘴龙主要生活在陆地上。

这附近都发掘得差不多了，咱们接着走吧。

鸭嘴龙啊……

约一个月后，安德鲁斯等人前往下一个补给地——秋林。

嗡嗡嗡……

呼——

秋林

安德鲁斯一行在这之后也是边走边发掘，虽然漫画中没有体现，但是他们分别在1922年7月、8月发现了巨犀化石和鹦鹉嘴龙化石。

轰隆隆隆……

沙尘暴结束后，安德鲁斯一行又向20千米外的下一个补给地前进。

队长，这条路线对吗？

反正时间充裕，我决定绕个路，四处转转！

放心，不会有事的！

喂！大家都跟上我！

咯噔咯噔咯噔

真让人担心。

中杓鹬正在向温暖的地方迁徙。

也就是说这里马上要迎来冬季了……不好！

再不快点儿走出沙漠，我们可能会碰上蒙古高原的暴风雪。

还是按原路走吧。

怎么了，队长？

现在不是在路上磨蹭的时候。

之后的3天，安德鲁斯一行按原计划的路线拼命赶路。

别急，我正在根据星星的位置判断咱们的位置。

地图上画的这条山脉到底在哪里啊？

走了三天也没有看到。

对、对不起……

都是因为你说什么要四处转转，我们才会迷路！

这个地图有问题！

什么？！

这里根本就不存在什么山脉！

现在我们可以利用手机导航软件快速查询自己所处的位置，但那个年代还没有这么便捷的方式，人们只能参照太阳和星星的位置在沙漠中前进。不过，也可以像第43页所说的那样，向当地人问路。

太好了！

我们找当地人打听一下水源的位置吧。

在！

沙克尔福德！

你留在这里，等下一辆车的人到了让他们等等我们。

你就委屈委屈吧！

你怎么能把我一个人留在这里……

哼！早知道就不坐队长的车了！

加油哟！

轰隆隆……

嘿!你们好!

刹车

惊吓

我们不是坏人,只是想打听一下哪里有水源。

……

颤抖

他们之前可能没见过外国人和汽车。

难怪看上去很害怕……

有了!

我打听到水源的位置啦！

怎么了？

比起寻找水源，现在有更重要的事情！

嘿嘿嘿……

沙克尔福德发现了一个了不得的东西。

来，让大家看看。

了不得的东西？

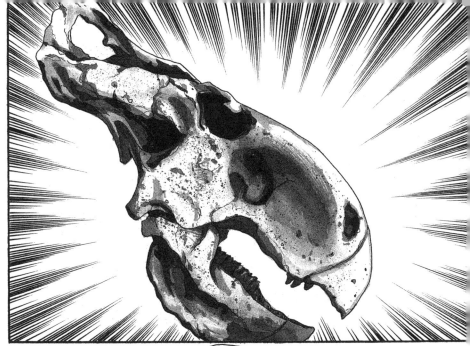

这——看上去像是恐龙的头盖骨!

我也是第一次见。

但这样的头盖骨我从没见过!

我是在那边的红色悬崖上发现的。

红色悬崖?你怎么会到那里去?

等车时闲着没事做，我便往那边走，不经意发现了这个头盖骨。

好厉害！竟然毫不费力就发现了恐龙化石！

我还颗粒无收呢！

只是运气好而已啦。

真让人羡慕啊！

喘不过气来了……

后来，安德鲁斯一行根据当地人的指示找到了水源，在那里扎营后便向沙克尔福德发现罕见头盖骨的红色悬崖进发。

在夕阳的照耀下，由红砂岩构成的悬崖像熊熊燃烧的火焰般鲜红。

好美啊，岩石仿佛在燃烧……

确实！

于是，这里便被命名为火焰崖。

队长！这里到处都是裸露在外的化石！

简直是一座宝库啊！

翌日早晨……

安德鲁斯，你怎么了？咱们快去火焰崖吧。

考察就到此为止吧。

什、什么？！

49

看看天空吧，寒冷的冬季就要到了。

如果在这里遭遇暴风雪，后果将不堪设想。

呼——

可是，还有很多化石没发掘……

没关系，咱们可以明年再来。

队员们恋恋不舍地向火焰崖告别。

轰隆隆……

正如安德鲁斯所料，不久后，一场暴风雪来袭。

呼呜呜呜

而那时，安德鲁斯一行已行进至张家口。

考察队收获颇丰，顺利抵达中国首都——北京市。

他们将在火焰崖发现的未知恐龙头盖骨寄给了奥斯本教授。

这，这是——

咦？古井博士？

现在他是奥斯本教授！

安德鲁斯，这个头盖骨肯定属于一种原始的三角龙。

啊！原始的三角龙？！

三角龙（白垩纪晚期）

三角龙因鼻子及双目上方长有角而得名。它们以植物为食。雄性三角龙头上的褶边比雌性的大。

全长：约9米

分类：角龙科

这是在美国发现的那种三角龙的祖先吗？

没错！三角龙的角可能就是从这种恐龙鼻骨上部的小突起演化而来的。

总之，这是一个巨大的发现！你们最好回一趟戈壁沙漠，尽可能地发掘更多的化石！

没问题，您就放心地交给我吧。

你别太得意忘形了！

就这样……

在戈壁沙漠发现的未知恐龙被命名为原角龙（Protoceratops），Protoceratops 意为"第一张有角的脸"，是三角龙的祖先。

原来是这样啊。

但三角龙的化石是在美国发现的吧！

而原角龙作为三角龙的祖先，它的化石竟然是在亚洲被发现的？

为了解答你的疑问，我们先来看一看原角龙所处的白垩纪晚期时的世界吧！

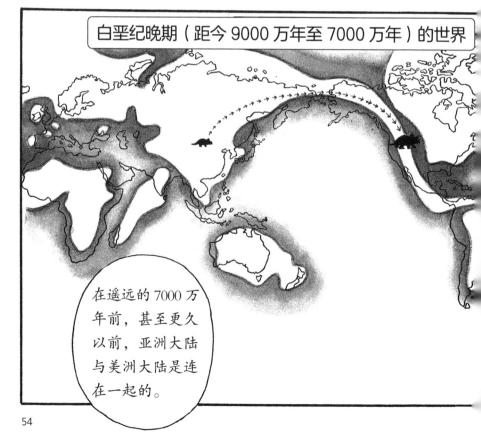

白垩纪晚期（距今 9000 万年至 7000 万年）的世界

在遥远的 7000 万年前，甚至更久以前，亚洲大陆与美洲大陆是连在一起的。

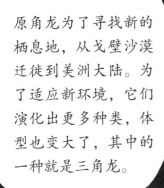

原角龙为了寻找新的栖息地，从戈壁沙漠迁徙到美洲大陆。为了适应新环境，它们演化出更多种类，体型也变大了，其中的一种就是三角龙。

大约 7500 万年前，像三角龙这样长着大角的角龙科恐龙迎来了自己的时代！

角龙类恐龙

（演化）

尖角龙

厚鼻龙

开角龙

戟龙

五角龙

三角龙

卡角龙

话说回来，恐龙蛋的故事呢？

是呀，在哪儿呢？

别着急嘛，马上就要讲到了！

所以，戈壁沙漠的探险还没有结束，对吗？

当然啦！

好！戈壁沙漠探险队，再次出发！

2.发现 恐龙蛋了!

1923 年夏天，安德鲁斯一行回到火焰崖。

时隔一年，咱们又回到这里了！

找到了！

怎么，葛兰阶，你发现化石了？

我找到了去年落在这里的烟斗。

哇呵——！

这是真事！

于是，大家开始在火焰崖附近进行发掘。没想到——

这里简直像是原角龙的"墓地"。

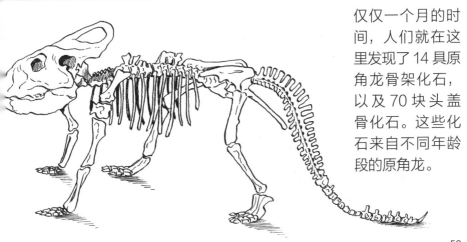

仅仅一个月的时间，人们就在这里发现了14具原角龙骨架化石，以及70块头盖骨化石。这些化石来自不同年龄段的原角龙。

发掘工作开始后的第二天中午，安德鲁斯一行有了一个震惊世界的大发现。

真好吃啊！

工作后肚子好饿，吃什么都特别香。

嗯？

队长！安德鲁斯队长！

您听我说！

喀喀！

奥尔森，怎么了？突然这么大声……

啊！！

出大事了！我在那边发现了恐龙蛋的化石！！

耳朵好痛……

恐龙蛋的化石？

没错，那肯定是恐龙蛋的化石。

你不会是把蛋形的石头错认成恐龙蛋化石了吧？

哈哈哈……

你肯定是肚子太饿，出现幻觉了。

笑够了就听我说，我真的发现了恐龙蛋的化石！

不相信我就算了！

沉默——

队长……

我相信你，请带路吧。

就在那块突出的岩石上面。

在哪儿呢？

这是——

嗯……看上去确实是蛋。

怎么样？是蛋的化石吧？

虽然我还不能完全确定……

没事，你说。

但从附近的地层和化石的状态来看，这绝对是白垩纪时期的化石。

也可能是鸟蛋吧。

那真的是恐龙蛋？

……

所以……

人类还没有发现过这么大的鸟蛋化石。

觉得不鸟蛋。

所以说这些是恐龙蛋，对吧？

而且，鸟蛋一头大一头小，而这些蛋两头都很对称。

？

鸟蛋

对吧！对吧！这个肯定就是恐龙蛋！

嗯……大多数爬行动物都能下蛋。恐龙作为一种爬行动物，下蛋也很正常。

安德鲁斯队长！

奥尔森！

如果这些真是恐龙蛋……这个发现一定会震惊全世界。

于是，安德鲁斯一行趁热打铁，加紧发掘恐龙蛋化石。

加上第二年的发掘成果，他们一共在火焰崖附近发现了25～30块恐龙蛋化石。

有些恐龙蛋化石甚至还保持着7500万年前蛋刚被生下来时围成一圈的样子。

情景还原图

队里的研究人员在恐龙蛋化石附近发现了很多原角龙的骨骼化石，因此认为火焰崖是原角龙下蛋的地方。

小贴士　就像第59页说明的那样，安德鲁斯一行在火焰崖发现了各个年龄段的多只原角龙的化石，难怪他们会将这些蛋认作是原角龙的蛋呢。

后来，随着研究的深入，人们才发现这些蛋原来是窃蛋龙的蛋。展厅里的葬火龙就属于窃蛋龙科。

嘿嘿，总之，恐龙蛋化石的发现也算是轰动全球的大事件了！

奥斯本教授也会对你刮目相看吧！

奥斯本教授，您怎么在这里？

奥斯本教授怎么了？

咦？我是古井啦……

还记得第16~17页的葬火龙吗？再翻回去看一下吧。

67

哈哈哈哈！

什么嘛，原来是这样。

哎呀，好害羞……

您不是说有事要忙吗？

我担心九山……

我有那么不靠谱吗？

怎么会？！安德鲁斯队长！

别取笑我了，古井博士……

安德鲁斯队长，我有一个问题！

你说！

哎呀

窃蛋龙也会孵蛋吗？我记得展厅里的葬火龙好像正在孵蛋。

没错！你记得真清楚呀。的确，它们会用身体覆盖住巢穴里的蛋来孵化它们。

窃蛋龙孵蛋的过程是这样的。
①寻找适合下蛋的地方，用土堆成巢穴。

②在巢里下蛋，将蛋摆成一个椭圆形。

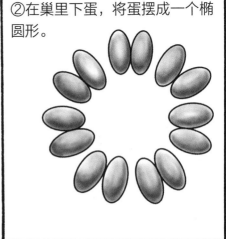

小贴士

后来，人们研究安德鲁斯等人发现的"原角龙蛋的化石"，发现它们其实是窃蛋龙蛋的化石。最近，科学家发现了真正的原角龙蛋的化石。原角龙蛋的壳竟然与海龟蛋的壳一样是软的。

③在蛋围成的椭圆形当中卧下，用身体覆盖住蛋，依靠体温孵化蛋。

比起只利用阳光或地面的热量来使蛋孵化，用体温孵蛋可以使蛋更快地孵化。

噢，原来是这样啊。

嗯？好奇怪啊……

如果宝宝能更快地成长，那应该很快就能破壳而出吧。

可是在火焰崖发现的那些恐龙蛋都没有孵化，而是直接变成化石了。

呵呵呵……

说的也是啊。

说起来，蛋这么容易碎，到底是如何跨越7500万年的时间完好地保存下来的呢？

这、这确实是个问题……

博士，您觉得呢？

一饮而尽

看来，轮到化石侦探登场了！

太棒了！！

嗯？

"化石侦探"是谁？

噌

噌

……

以跨越千万年时光的化石为线索……

解开遥远的谜团……

这就是……

?!

首先，为什么恐龙宝宝没能从蛋中孵化出来呢？

其次，脆弱易碎的蛋是如何跨越数千万年的时光保存至今的呢？

正常情况下，恐龙宝宝是会破壳而出的，但现在却变成了蛋化石。

嗯……为什么呢？

也就是说，可能发生了某些意外，蛋才变成了化石。

……

我知道了！一定是女巫的魔法！

不对吗……

认真想一想啦！

想不出来……

那这样吧，我们先来看看正常情况应该是什么样的。

正常情况下……

恐龙蛋会在巢穴中被母亲的体温、阳光的热量或地面的热量持续孵化数周。之后，恐龙宝宝会破壳而出。

没错，恐龙蛋需要一定的温度才能孵化。

那如果温度不够呢？例如，蛋被大量沙子埋了起来。

这样的话，蛋就无法接触到空气，无法获得阳光的热量，自然就孵不出来了。

果然如此，跟我想的一样！

这就是蛋没能孵化的原因呀。

好，现在我们知道蛋可能是被埋在沙子里了。

那为什么蛋这么长时间都没有碎掉呢？

这个简单！既然它成了化石，就意味着它变成了石头，

自然就不会碎喽！

好有道理！

没错，就像恐龙的骨骼和牙齿一样，蛋变成化石后，也可以在时间的长河中保持原本的形状。

不过，蛋是怎么变成化石的呢？

这个嘛，我猜就和骨骼、牙齿化石一样，沙子中的矿物质渗入，使得整个蛋变得和石头一样坚硬……

蛋壳与骨骼、牙齿一样，都主要由钙构成，这部分确实可以说得通。

但是，蛋内部的那些液体又是如何成为坚硬的化石的呢？

……

看来他还要继续学习啊！

他看上去很沮丧。

……

你们有什么想法？

丸山博士都不知道，我们就更猜不到了。

我给个提示吧！从火焰崖出土的窃蛋龙的蛋内部是坚硬的砂岩。

砂岩？是沙子做的岩石吗？

没错，水底与陆地上的沙子经过长年累月的胶结，最终会变成坚硬的石头。

所以，砂岩曾经都是沙子喽？

刚刚提到过，蛋被大量沙子埋了起来……

脑筋真灵活啊。

我知道了！！

沙子进入蛋的内部，替换了里面原来的物质！

怎么会？又不是变魔术。

就像这样！

① 在沙子的重压下，蛋壳出现裂缝。

压力

咔嚓！

② 细小的沙子慢慢进入蛋的内部。

③ 最终，蛋的内部完全被沙子填满。

沙子

砂岩

就这样，蛋内部的沙子慢慢变成砂岩，蛋壳也因为吸收了沙子中的矿物质而变成了化石。

啪啪啪

回答正确！太棒了！

还有别的谜团吗？

有啊，还有一个很关键的问题。

为什么恐龙蛋上面会有大量沙子呢？

是不是恐龙爸爸和妈妈不小心弄上去的？

如果只是不小心，沙子的重量肯定不足以让蛋壳出现裂缝。

在沙漠中，什么情况会导致恐龙蛋被大量沙子快速埋起来呢？

沙漠……快速被沙子埋起来？

救命啊！

嘿嘿嘿……

噜

复活！！

要问大量沙子从何而来……

答案就是沙尘暴！

沙尘暴会在短时间内带来大量沙子，把蛋埋起来。

呼

简单！简单！

没错！这样一来，蛋既不会腐坏，也不会被其他动物吃掉，就变成了化石。

安德鲁斯

传说中的探险家，推动了历史的进程

漫画中丸山崇拜并扮演的人物是活跃于20世纪初的美国探险家罗伊·查普曼·安德鲁斯。安德鲁斯探索了亚洲的许多地方，发掘了大量化石，是当之无愧的化石猎人。

裕树把丸山比作安德鲁斯，把古井博士比作奥斯本教授（见第22页）。

❧ ❧ ❧ ❧ ❧ ❧ ❧ ❧ ❧

在1922年到1930年的中亚考察之旅中，安德鲁斯发现了恐龙蛋化石、伶盗龙化石，以及陆地上最大的哺乳动物巨犀的化石等，取得了诸多突破性研究成果。这些发掘成果也令他享誉全球，永载史册。

❧ ❧ ❧ ❧ ❧ ❧ ❧ ❧ ❧

后世的影响

安德鲁斯不惧恶劣天气，与盗贼斗智斗勇，无论遇到什么挑战都从不放弃，是闻名于世的探险家。据说，他还是电影《夺宝奇兵》主角的原型之一。

当然，后来的化石猎人和如今活跃在一线的古生物学家也与安德鲁斯一样，在安德鲁斯的影响下，他们勇敢地踏入未知的地区，积极地探索。

他们还找到了安德鲁斯当初考察过的地点，并在那里继续发掘和研究，成果颇丰。

安德鲁斯的探险人生

1884年	生于美国威斯康星州，从小喜爱探险。
1906年	在美国自然历史博物馆的动物标本剥制部门担任助手。
1916—1917年	以队长的身份参加第一次亚洲动物学术考察，调查中国南部及越南的生态系统。
1919年	参加第二次亚洲动物学术考察。
1922—1930年	探索亚洲中部（戈壁沙漠）。
1934年	担任美国自然历史博物馆馆长。
1960年	去世，享年76岁。

其实我也是受安德鲁斯的影响才成为古生物学者的。所以，我很理解丸山的心情！

安德鲁斯的坚强后盾
奥斯本

奥斯本教授（1857—1935）

我们长得像吗？

　　亨利·费尔费尔德·奥斯本是一位知名的古生物学家，是霸王龙（*Tyrannosaurus*）的命名者。其实安德鲁斯前往戈壁沙漠探险，就是为了寻找证据来支持奥斯本的"哺乳动物亚洲起源说"。

　　"罗伊，那里一定有化石。"奥斯本的这句话以及他的资金，成为支持安德鲁斯探险的强大力量。

窃蛋龙是小偷吗？

恐龙名称的由来

你知道吗？恐龙的名字背后有着各种各样的故事。例如，窃蛋龙这个名字，就是说这种恐龙会偷窃其他恐龙的蛋。但它们明明是在孵蛋，却被叫作窃蛋龙，这可真是冤枉呀。

其实，它们之所以被命名为窃蛋龙，是因为人们当时在恐龙蛋化石附近发现了很多原角龙的头骨化石，于是想当然地认为这些蛋是原角龙的蛋，而窃蛋龙是过来盗窃原角龙蛋的"小偷"。奥斯本博士虽然将这种恐龙命名为窃蛋龙，但据说他也担心过，这个名字是否误解了这种恐龙。

后来随着研究的深入，人们发现窃蛋龙其实是在孵化自己的蛋。可在这之前，"这种恐龙会偷蛋"的印象已经深入人心了。

恐龙的名字是根据化石的状态、化石自身的特征等种种情况命名的。说不定除了窃蛋龙以外，还有一些恐龙正因为名字而遭到人类的误解呢。

名字给人的印象

逃走

实际上……

3. 恐龙的足迹

唉，真是败给这两个孩子了。

他们真的很执着。

嘿嘿。

说起来，你小时候也是这样啊。

是、是吗？

丸山博士小时候是什么样子呀？

每天都带着零食来博物馆，一直在问恐龙的事情。

恐龙吃什么东西呀？

还流鼻涕呢。

……

哈哈哈哈！

不要嘲笑他啦。

咦？

很多著名的古生物学家都是从小便对化石表现出浓厚的兴趣。

没错！我也要成为一位著名的古生物学家！

我也要！

好好好，你先从桌子上下来。

哇!

好!

为了表示我对各位未来的古生物学家的敬意，我就再讲一个化石的故事吧。

……

古生物学研究领域中的"化石"，可不单单指生物死亡后的遗骸。

远古生物遗留下来的某些生活痕迹，也可以被称为化石。

"痕迹"……

痕迹也能成为化石吗？

能啊，比如生物的巢穴、脚印等。

也就是说，不仅是骨骼和牙齿，连恐龙的足迹都可以变成化石。

嗯嗯！

来听听足迹化石的故事吧！

1939年的夏天，化石猎人罗兰·T.伯德结束了在落基山的化石采集工作，踏上归途。

新墨西哥州盖洛普市

UNION

GAS

89

欢迎光临！

你好！

这根大骨头是什么呀？

是恐龙的大腿骨骼。

当然，现在已经是化石了。

算是我的工作。

这样啊，那您应该是专门研究恐龙的学者喽？

说起来，这附近好像有人有恐龙足迹化石。

我也只是听说的。

恐龙足迹?!

印下

不过之前也有类似的传闻，结果是人造赝品……

你知道那块足迹化石在哪里吗？

传言中的恐龙足迹化石，就在得克萨斯州萨默维尔县一家法院的仓库中。

哎呀，没想到会有专家来我们这儿。

是我不请自来，不好意思。

……

请进吧。

其实，伯德最先前往的是其他地方，但那里只有人工制造的假化石。后来，他才在萨默维尔县法院的仓库里发现了真正的恐龙足迹化石。

没错！这是真化石！

对吧，我果然没看走眼。

这个脚印经历了沧海桑田，原本柔软的泥土变成了坚硬的泥岩。

长度约66厘米，很有可能是异特龙、霸王龙这样的肉食性恐龙的脚印。

哦，这样啊。

伯德所列举的恐龙都是截至1940年学界所发现的兽脚类恐龙。后来随着研究的深入，学界才发现这个足迹来自其他的兽脚类恐龙。

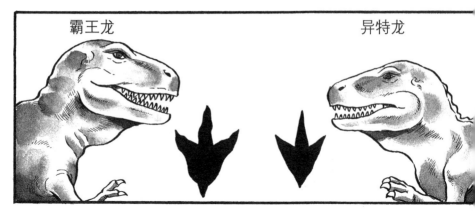

霸王龙　　　　　　　　异特龙

哈哈哈，果然还得靠专家啊。

您还记得这块化石是在哪里发现的吗？

○沃斯堡
格伦罗斯○
帕卢克西河
得克萨斯州
奥斯汀
休斯敦○

这块化石是在美国得克萨斯州萨默维尔县的帕卢克西河中发现的。

94　 异特龙和霸王龙都是生活在北美洲的肉食性恐龙，但是它们生活的时代相差大约7000
万年。顺便提一句，为霸王龙命名的人就是奥斯本教授。

帕卢克西河

从这串脚印就可以推断出恐龙行走的方式。

两足行走，步幅在2.2米左右。
从足迹上看是三根脚趾，但恐怕后边还有一根。
因为有些恐龙在行走的时候，后边的脚趾不会接触地面。

哈哈哈，我明白了！

95

这一定是霸王龙的脚印！

解说时间到！

霸王龙与高棘龙

在伯德发现这个恐龙足迹化石的80多年后，学界统一了观点：这个脚印属于高棘龙。但这并不意味着当时伯德做出了错误的判断。因为高棘龙的化石发现于1950年，是在伯德发现恐龙足迹化石的10年后。凭借已知的信息，推断出最接近事实的结论，这就是古生物学的核心呀！

竟然已经知道得这么详细了！

霸王龙
时期：白垩纪晚期
全长：约12.5米
分类：暴龙科
栖息地：加拿大、美国

高棘龙
时期：白垩纪早期
全长：约12米
分类：鲨齿龙科
栖息地：美国

霸王龙和高棘龙谁更厉害呀?

它们生活的时代不同,不能直接比较。不过,霸王龙的下颌力量比高棘龙的强,牙齿也更锋利,也许霸王龙会更厉害一些吧。

也许过去这里是浅海的海滩。

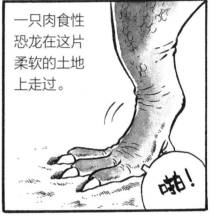

一只肉食性恐龙在这片柔软的土地上走过。

啪!

恐龙踩出的痕迹没有被海浪抹去,而是被泥土和沙子填满。随着时间的推移,泥沙变成了坚硬的岩石。

海岸线逐渐远去,河水流入这片地区,开始冲刷脚印中的岩石。

经过冲刷，河岸和河床中的脚印就会出现，人们就会注意到。

这样看来，这附近可能还会有其他脚印。

扑溜。

哎呀！

咚

好痛……

到底是谁在这里挖坑啊……

啊!!

这、这难道是……

唰!

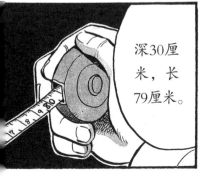

深30厘米,长79厘米。

拥有如此巨大脚印的动物,到底是什么……

啊!

难道是雷龙?!

这可真是不得了!

用石膏翻模下来，给大家看看吧。

后来随着研究的深入，学界认为这个脚印属于波塞东龙，它与雷龙一样，都是大型植食性恐龙。

据说，这个脚印大到可以容纳一个孩子在里面玩水。

雷龙和波塞东龙都是蜥脚类恐龙。学界认为雷龙与迷惑龙是同种类的恐龙，但最近也有研究者对此提出了疑问。

波塞东龙全长约30米，所以它需要巨大的双足来支撑身躯。

原来如此。

我穿41码的鞋。

美国自然历史博物馆

MUSEUM OF NATURAL HISTORY

太厉害了。

真是惊人啊。

怎么样，的确是大型植食性恐龙的脚印，没错吧？

这时美国自然历史博物馆的馆长正是安德鲁斯。两大传奇化石猎人的相遇，真是令人激动万分！

伯德!干得不错啊!

哈哈哈……

巴纳姆·布朗
恐龙研究方面的著名专家、美国自然历史博物馆爬行动物部部长。

布朗博士……

我有个好主意,要不要听听看?

这是咱们博物馆的镇馆之宝——雷龙骨骼化石。我想把足迹化石和它一起展出。

你觉得这个主意怎么样？

好主意！这样看上去就像雷龙正在行走似的，很生动！

不过，想达到效果，足迹化石最少也要10个……

哈哈哈……

那你再去发掘一些回来不就好啦？

帕卢克西河附近应该还有很多足迹化石吧！

但进行正式考察需要很多经费……

经费的问题就交给我解决吧。

什么？真的吗?!

我好歹也是爬行动物部的部长啊。

太好了！作为回报，我要带回来成千上万块足迹化石！

倒也不用那么多。

伯德考察队再次奔赴帕卢克西河。

昨天我们已经发现了一块大型植食性恐龙的足迹化石。

嗯，听说这里的地层有1.5亿年的历史，真令人期待。

104

1.5 亿年前正是恐龙最活跃的时期，也就是侏罗纪晚期至白垩纪早期。

难怪伯德根据地层就说这里"令人期待"。

三叠纪 → 侏罗纪 → 白垩纪

兴许能发现连续的恐龙足迹化石呢。

希望吧。

正如伯德所期待的那样，考察队在这里不断地发现恐龙足迹化石。

因为在美国发现的蜥脚类恐龙化石（见第100页）大多生活在距今1.5亿年前，所以伯德才推测这里的地层有1.5亿年的历史。如今，学界普遍认为这里的地层大约有1亿年的历史。

从这个形态看来，它们是在成群行进。

总共有几只呢？

虽然不能确定，但至少有5只吧。

嗯……有一件事很奇怪啊。

什么事？

雷龙这样的大型植食性恐龙，不是都长着巨大的尾巴吗？

那又怎么了？

如果是这样，地面上不止会留下足迹，应该还会有尾巴拖行的痕迹吧？

106 如今的研究认为大型植食性恐龙（蜥脚类）在行走时尾巴不会拖地。不过，在伯德生活的年代，"恐龙拖着尾巴走"是一个常见的观点，详细信息请见第108页。

啊！！

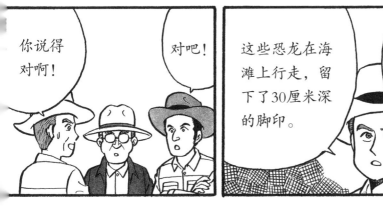

你说得对啊！

对吧！

这些恐龙在海滩上行走，留下了30厘米深的脚印。

按理说尾巴也应该留下痕迹才对啊。

但这里却只有脚印。

这是为什么……

连伯德都想不通这个问题，那我就在这里简单解释一下吧。

拖着尾巴走？

关于大型植食性恐龙的最新研究

当时的想象图

像长颈鹿一样，脖子伸向天空。

过去，学界认为恐龙的尾巴是下垂的，如今则认为尾巴是直直向后伸展的。

比较一下上面的两幅图吧，它们都是波塞东龙的画像，但其姿势却有所不同。

左边的图是伯德所处时代学界对波塞东龙的想象图，那时人们认为波塞东龙的脖子笔直向上伸，尾巴则垂在地上。

而右边的图是如今学界对波塞东龙的想象图，它们的脖子、背部以及尾巴与地

姿势完全不一样!

为了和长尾巴保持平衡,脖子会更靠近地面。

波塞东龙
时代:白垩纪早期
全长:约30米
分类:腕龙科
栖息地:美国

面保持相对平行。随着调查的深入,人们认为波塞东龙站立的姿势应该类似于一架处于平衡状态的天平。

后来,伯德一行人根据当时的想象进行了推理。正在阅读这本书的你也试着穿越到伯德的时代,思考一下恐龙尾巴没能留下痕迹的原因吧!

那么,让我们回到漫画中……

尾巴为什么没有留下痕迹？不用想得那么复杂！

所以原因是——

因为这群恐龙的尾巴都被切掉了！所以地上才没有尾巴拖行的痕迹！

就像断了尾巴的壁虎一样。

晕

我的真知灼见怎么样？

这不叫真知灼见，这叫胡言乱语！

姐姐，你该不会是嫉妒我吧？

有你这样不爱思考的弟弟，我很羞愧。

啊……怎么会……

裕树，我承认你的想象力很丰富，但一群恐龙都被切掉尾巴，确实是不太现实。

那你知道答案吗？

你少说两句吧！

我觉得我的推理更科学！

这群恐龙可能是把尾巴卷了起来，这样走路的时候就不会接触到地面了！

咚 咚

卷起尾巴的话，走路更方便！

......

哈哈哈，搞错了吗？

哦？你有什么见解？

毕竟还是孩子，想不到也很正常！

尾巴拖行的痕迹一定曾经存在过。

但恐龙离开后，一场大雨将尾巴拖行的痕迹冲刷掉了。

脚印的痕迹更深，所以没被冲刷掉，最后变成了化石。

就是这样。

厉害，不愧是专家啊。

嗯？

丸山！

如果真遇上了足以冲刷掉尾巴拖行痕迹的大雨，那么脚印也无法保持完整吧？

但是，发掘出的足迹化石足足有30厘米深，连脚趾的痕迹也完整地保留了下来，这又是怎么回事？

这个谜题还是交给伯德吧。

果然还是个新人啊。

……

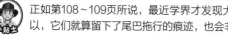

正如第108～109页所说，最近学界才发现大型植食性恐龙并非"拖着尾巴走"。所以，它们就算留下了尾巴拖行的痕迹，也会非常浅。丸山的推理很棒！

嗯，等等。

原来是这样！我明白了！

会不会恐龙踩下脚印的地方并非海滩，而是海中呢？

哦？那会怎样呢？

试着想象一下，如果植食性恐龙走在齐腰深的海水中……

在这种情况下，无论多长的尾巴都会因为水的浮力而上浮，不会接触海底。

啊！原来如此！

所以，只有踩在柔软海底的脚印留了下来。

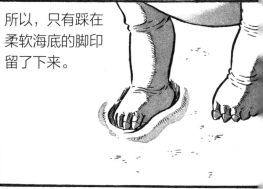

你们觉得这个推测如何？

不愧是伯德！真是完美的推理。

这样啊，原来如此。

唉，就差一点儿！

差很多，好嘛！

那么这群恐龙也许是在水中生活的呢。

我也是这么想的。

毕竟，大型植食性恐龙的体重在30吨以上。

有了水的浮力，它们行动起来更加敏捷，即便肉食性恐龙来攻击，它们也能更快地逃走。

在伯德的时代，"大型植食性恐龙（蜥脚类）在水中活动"的观点非常普遍。不过，如今这种说法已经很少了，学界普遍认为此类恐龙是在陆地上生活的。

但是，无论伯德的推理多么合理，也没有证据的支撑啊。

在发掘过程中，他们确实找到了恐龙在水中行走的证据。

看！那边稍高一些的地方有尾巴拖行的痕迹！

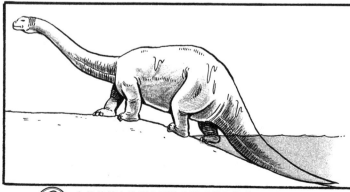

这说明在水中行走的恐龙是在这里上岸的。

小贴士　在伯德等人推测大型植食性恐龙是拖着尾巴行走之后，他们确实在帕卢克西河发现了相关痕迹。但也有人质疑那会不会是漂流木在潮水作用下形成的痕迹。

原来如此，它们在上岸的时候留下了尾巴的痕迹。

没错！

真有意思呀。

恐龙的脚印竟然能留到现在，想想真神奇。

恐龙脚印的故事还没结束呢，

化石的背后还藏着一场决战！

什么？

随着发掘工作的推进，伯德等人有了意外的发现。

?!

看脚印，植食性恐龙被其他恐龙追上了！

另一种恐龙脚印在经过人们石膏翻模研究后，被认为是大型肉食性恐龙的脚印。

看样子是步步紧逼啊。

这还真是个大发现。

伯德用手指着两种不同的脚印，做出了他的推理。

恐怕……

肉食性恐龙正躲在茂密的植物后面，盯着正走上岸的植食性恐龙。

当时的人们还不能确定这两种恐龙具体是哪两种。后来，学界推测它们很有可能是波塞东龙（植食性恐龙）和高棘龙（肉食性恐龙）。

然后，肉食性恐龙开始追逐植食性恐龙。

可能是想赶快回到海中吧。

然而，发现危险的植食性恐龙突然向左拐。

但是，肉食性恐龙也追了上来。

是追到了海中吗？

浅滩很宽广，植食性恐龙也许没能逃掉。

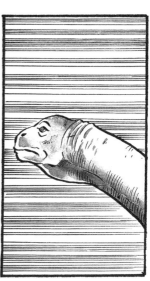

快！我们继续发掘！

……

植食性恐龙，你可一定要加油逃走呀！

肯定很快就被肉食性恐龙抓住了。

还差一点儿！马上就可以见证1.5亿年以前的决战结局了！

伯德，你看那个！

发现植食性恐龙的骨骼化石了吗？

怎么了？

啊！

咦？

你顺着这些足迹，往前看！

这不是马上就要追上了吗？

啊啊啊!

很遗憾，看来不能继续发掘了。

怎么会这样……

如果没有这些植物，我们就能看到1.5亿年前那场决战的结局了……

沙沙

天不遂人愿!

为什么那里会有密林啊?

如果世上所有的谜团都有答案，那就没有想象空间了。

话是这么说啦……

植食性恐龙后来怎么样了？

这种细节根本不重要！

肉食性恐龙之后又做了什么？

太棒了！

古生物学真是太棒了！

依靠仅存的几块化石，就能重现宏大的远古世界！

丸山，那是我的椅子……

这种细节根本不重要！

好好好。

感觉他已经燃起了斗志。

啊！对了！

差点儿忘了！今天得把老师布置的日记写出来才行！

姐姐，咱们回家吧！

好，今天也收获颇丰呢！

啊？这就要回家了吗？

我还要留时间写作业呢。

再多聊聊恐龙的故事吧！

好啦，丸山。

等他们下次来的时候再聊吧。

呜呜。

你们一定要再来哟！一起聊恐龙！

回去的路上注意安全。

拜拜——

拜拜！

今天给孩子们传授了这么多知识，感想如何？

您说笑了，我才是受教的那方。我学到了——

古生物学者最重要的品质就是"保持好奇"！

〇月Ｘ日　　晴

今天是星期日。

······

罗兰·T.伯德受雇于美国自然历史博物馆，是一位经验丰富的化石猎人。伯德最有名的一项发现是在帕卢克西河发掘的恐龙足迹化石，除此之外他还发掘过其他有趣的足迹化石。例如，在美国得克萨斯州班德拉县发现的大型植食性恐龙的前足足迹化石——只有前足，没有后足。

当时的印象图

前足的足迹比后足的更小，这也是推理的线索之一。

当时的研究人员认为，这可能是由于恐龙在水中行走，在水的浮力的作用下后足未接触水底，所以只留下了前足的脚印。不过，随着研究的深入，大型植食性恐龙在水中生活的说法逐渐被推翻。那么，为什么会留下这样的足迹化石呢？你不妨推测一下。

好大的脚印。

真是惊人。

足迹化石的重要出土地

帕卢克西河的现状

在那之后，人们又在帕卢克西河发现了其他恐龙足迹化石。如今，人们在发现恐龙足迹化石的地方建造了得克萨斯州恐龙谷公园，面向公众开放。也就是说，游客也可以在伯德发现化石的地方参观游览了！

变化这么大!
日新月异的恐龙研究

　　本书的日文原版出版于20世纪末。随着恐龙研究的不断深入，我们对恐龙的认识也不断得到更新。让我们对比之前的图书和现在的图书的内页，看看都有哪些变化吧。

第16页上面的图片

之前

现在

　　这些恐龙蛋曾经被认为是原角龙的蛋。不过在后来的研究中，人们推测这些蛋是窃蛋龙科恐龙的蛋。第66~67页有详细说明，快去读读看吧。

第33页下面的图片

之前

现在

鸭嘴龙【白垩纪晚期】

全长10米。

嘴似鸭子一样扁平。前后足都有蹼，温顺的植食性恐龙，以果实和树叶为食。

巴克龙（白垩纪晚期）

巴克龙的足底皮肤很厚，它们可以两足直立，四足行走。

巴克龙是鸭嘴龙科的一员，鸭嘴龙大多拥有像鸭子一样宽而扁的嘴。

全长：约6米

分类：鸭嘴龙科

这是安德鲁斯发现的巴克龙。经过研究，人们发现它们不是生活在水中，而是生活在陆地上。

之前

霸王龙从类似怪兽"哥斯拉"的直立形态，变成了向前倾斜的形态。

之前   现在

　　看出哪里不同了吗？其实，在帕卢克西河发现的尾巴痕迹并不在足迹痕迹的正中间，所以在修订时我们将它画偏了一点点。就像同页小贴士里所说的一样，也有人认为这个痕迹其实是漂流木在潮水的作用下形成的。

除了这些，书中还有很多文字和插图都经过了修订。这也说明，随着研究的深入，人们有了很多新发现！

结　语

这套书首次出版的时候，我还只是一个漫画新人。当时的我虽然画技有限，但在创作时依然禁不住地想，读过这套书的孩子将来能够成为古生物学家就好了……没想到，这个梦想竟然成真了。

小时候读过这套书的小女孩，如今已经成了真正的古生物学家，并且还进入了书中提到的日本国立科学博物馆工作。没错，我说的正是为这套书再版进行审核和修订的木村由莉博士。第一个提起要重新出版这套书的也是她。

这套埋藏在古老地层中的书，竟然被曾经的小读者重新发掘出来，而我年轻时寄托在书上的梦想也悄然实现。远古的历史重现眼前，尘封的回忆也浮上心头，不管是书里还是书外，这一系列化石侦探故事都带给了我太多的惊喜！

吉川丰

作绘者介绍

（日）高士与市

著名儿童文学作家，师从椋鸠十，擅长创作与古生物学、考古学有关的科普作品。作品《被埋藏的日本》获日本儿童文学作家协会奖，《龙之岛》获产经儿童出版文化奖、入选国际儿童读物联盟（IBBY）荣誉榜单，《天狗》获日本赤鸟文学奖。

（日）吉川丰

生于日本神奈川县。从中央大学毕业后曾在著名漫画家永井豪的工作室就职，现为自由漫画师。擅长创作科普漫画，主要作品有"世界奇妙物语"（全4册）、"神秘博物馆"（全7册）、"漫画人类历史"（全7册）等。

MANGA DENSETSU NO KASEKI HANTA - KYORYU NO TAMAGO O SAGASE (revised edition)

by TAKASHI Yoichi (original story) & YOSHIKAWA Yutaka (illustration)

Supervised by KIMURA Yuri

Copyright © 2022 TAKASHI Taro & YOSHIKAWA Yutaka

All rights reserved.

Originally published in Japan by RIRON SHA CO., LTD., Tokyo.

Chinese (in simplified character only) translation rights arranged with , Japan

through THE SAKAI AGENCY and BARDON CHINESE CREATIVE AGENCY LIMITED.

Simplified Chinese translation copyright © 2025 by Beijing Science and Technology Publishing Co., Ltd.

著作权合同登记号 图字：01-2024-1254

审图号：GS 京（2024）1142 号

本书插图系原文插图。

图书在版编目（CIP）数据

化石侦探.2,寻找恐龙蛋 /（日）高士与市著；
（日）吉川丰绘；王焱译. -- 北京：北京科学技术出版
社，2025. --ISBN 978-7-5714-4197-5

Ⅰ. Q91-49

中国国家版本馆 CIP 数据核字第 2024AK9350 号

策划编辑：桂媛媛		**电　话**：0086-10-66135495（总编室）	
责任编辑：张　芳		0086-10-66113227（发行部）	
封面设计：锋尚设计		**网　址**：www.bkydw.cn	
图文制作：锋尚设计		**印　刷**：河北宝昌佳彩印刷有限公司	
责任印制：李　茗		**开　本**：880 mm×1230 mm　1/32	
出 版 人：曾庆宇		**字　数**：56 千字	
出版发行：北京科学技术出版社		**印　张**：4.5	
社　址：北京西直门南大街 16 号		**版　次**：2025 年 1 月第 1 版	
邮政编码：100035		**印　次**：2025 年 1 月第 1 次印刷	
ISBN 978-7-5714-4197-5			

定　价：35.00 元